园林钢笔画临本

LANDSCAPE PEN-AND-INK FACSIMILE

宫晓滨　高文漪　主编
宋　磊　许　平　孟　滨　副主编

U0425602

中国林业出版社

主　编：　宫晓滨（北京林业大学）
　　　　　高文漪（北京林业大学）
副主编：　宋　磊（青岛农业大学）
　　　　　许　平（仲恺农业技术学院）
　　　　　孟　滨（河南农业大学）
编　委：（以姓氏笔画为序）
　　　　　尹建强（湖南农业大学）
　　　　　王立君（河北农业大学）
　　　　　左　红（华中农业大学）
　　　　　刘毅娟（北京林业大学）
　　　　　邢延岭（浙江农林大学）
　　　　　张　纵（南京农业大学）
　　　　　张玉军（北京林业大学）
　　　　　陈　叶（南京农业大学）
　　　　　陈　杰（中南林业科技大学）
　　　　　姜　喆（北京林业大学）
　　　　　钟　华（南京农业大学）
　　　　　徐桂香（北京林业大学）
　　　　　秦仁强（华中农业大学）
　　　　　郭大耀（山西农业大学）
　　　　　高　飞（东北林业大学）
　　　　　黄培杰（江南大学）

中国林业出版社·教材建设与出版管理中心

策划编辑、责任编辑　康红梅
装帧设计　大森林工作室

图书在版编目（CIP）数据

园林钢笔画临本 / 宫晓滨，高文漪主编. —北京：中国林业出版社，2008.7（2019.12 重印）
ISBN 978-7-5038-5009-7
Ⅰ.园… Ⅱ.①宫… ②高… Ⅲ.钢笔画：风景画－技法（美术）－高等学校－教材 Ⅳ.J214.2
中国版本图书馆CIP数据核字（2008）第063400号

出版发行　中国林业出版社
　　　　　E-mail：jiaocaipublic@163.com　电话：83143622
　　　　　社址：北京市西城区德内大街刘海胡同7号　邮编：100009
经　　销　新华书店
印　　刷　中农印务有限公司
制　　版　北京美光设计制版有限公司
开　　本　230mm×300mm
版　　次　2008年7月第1版
印　　次　2019年12月第3次
印　　张　10　彩插 4
定　　价　40.00 元

Preface 前言

在风景园林、园林和城市规划这3个专业的美术教学中，基础部分即石膏几何体与静物的课程，基本以室内的实物写生为主，穿插部分优秀作品的临摹作业。风景类专业选修课程则以临摹、照片改绘、写生和创作这4部分组成，这是在绘画水平上的由低到高的4个基本教学环节。

在中国传统绘画教学中，从“传摸移写”到“目识心记”，其核心，也是崇尚通过对优秀作品与技法的传承、对自然山水和真实物象的捉摸与研究，达到心有“成法”，进而到达有创新的较高境界。

在园林设计类专业的现代美术教学中，对风景实体的现场写生，是在培养学生发现美与塑造美的能力的教学过程中，必不可少的重要环节。同时，优秀作品与风景实体的参照对比，对培养学生从不会画到学会用艺术的语言和绘画技法来概括与提炼风景物象的造型能力，具有重要作用。实践证明，在教学中适当穿插优秀作品的临摹训练，可以产生很好的教学效果。临摹不是绘画教学的目的，但是一个很好的绘画教学手段。

因此，在园林钢笔画教学大纲的要求和教材的基础上，我们编写了配套“临本”，本“临本”在教学上应起到如下两个基本作用：一是供学生在绘画技法上的“揣摩”和“研究”，二是“临摹”。这两者要结合起来运用，才能产生较好的效果，只是单一而被动地去“看一笔，描一笔”式地“照猫画虎”，恐怕收不到很好的学习效果。

临摹时，需注意以下六点：

(1) 首先在绘画技法上要选择自己较喜欢的作品，然后要认真地“识图”，要先在心里画一、二遍，待心里有“谱”，再在纸上画。

(2) 可以先用铅笔轻轻起个大的轮廓稿，而后上钢笔；也可不用铅笔起稿而直接用钢笔画。

在具备了一定绘画基础的前提下，直接用钢笔绘画，对培养学生体会“聚精会神”的绘画“精神”与充分发挥自身绘画的线条和笔触特点，具有重要意义。实践证明，这样画，进步快、效果好。

(3) 学习他人的绘画技法与笔法的目的，是为自身的绘画技法服务的，“它山之石，可以攻玉”。同时每个人的艺术特点和绘画技法又各不相同，一定要对自己本身的技术擅长有清楚的认识，不可“邯郸学步”。

(4) 临摹优秀作品，首先要认真。所以先“慢”点无妨，不要一开始就图“快”图“帅”，以免产生“欲速则不达”之后果。画得多了，技法熟练了，其速度也自然就快了。

(5) 在本“临本”中，我们选择了画面较细致的“中等时间”(2～3小时) 作品，也选择了画面较概括提炼的“短时间”(二四十分钟到1小时) 作品。读者可以有选择并穿插交替地临摹练习。

(6) 临摹练习，最好是在具备一定的风景写生经验的前提下进行。这样，才能更好地结合自己的实际绘画经验，有较强针对性地进行技法上的临摹与学习，其进步也会显著。

总之，临摹一定要与写生相结合，并最好以写生为主，这两者都不可偏废。同时，“业精于勤”的道理，一定要真正理解和牢记。

感谢各院校的园林美术教师，为本“临本”提供了丰富而优秀的钢笔风景画作品，这是教师们在长期绘画教学中辛勤的积累和丰硕的成果，更是同学们进行临摹学习的很好的很实用的“范本”。在选择这些作品的过程中，我们本着尊重绘画者艺术个性的基本原则，兼顾不同的绘画风格与各校的教学特长，以期达到尽量好的教学水准。

感谢中国林业出版社为“临本”的出版作了大量而卓有成效的工作。

宫晓滨

2008年2月

Contents

目 录

作品名：老松　**作者：**宫晓滨（北京林业大学）　**工具：**针管笔　**尺寸：**30cm×21cm

【技法要点】此图由四部分组成：松树、背景植物、草丛、山石。松树是画面主角，因而需着意刻画。松树的动势与枝条的伸展姿态、主干的苍老感与挺拔而顽强有力的特点，是表现此景主题时应首先抓住的特点。在具体手法上，以线条为主，并以“疏、密”与留白来刻画形象与安排层次。

作品名：雪松　**作者：**陈炎（青岛农业大学）　**工具：**针管笔　**尺寸：**38cm × 26cm

【技法要点】①打轮廓：雪松是园林风景中的一种常见植物，树形优美，呈塔状，侧以向四周伸展，垂挂。写生时，先用铅笔仔细将雪松的形态勾画出来，其整体轮廓可概括为三角形，注意比例大小和空间体积，确定大的树枝变化趋势。②整体塑造：根据雪松受光的具体情况，画出明暗两大面。注意明暗交界处叶形结构变化，受光部留白，钢笔线条可根据雪松的结构进行处理。③深入刻画：从暗面画起，逐步过渡到灰层次，特别要注意受光面叶形的控制，充分运用钢笔线条形成的深浅色调来区分枝条的特点，加强大片树枝交错产生的前后、虚实关系，画局部时一定要对整体的明暗层次胸有成竹。④调整画面：深入刻画完之后，从整体效果出发对画面进行主观的刻画和处理，真实而艺术地表现出雪松的造型特征。

作品名：植物群落　**作者：**徐桂香（北京林业大学）　**工具：**针管笔　**尺寸：**30cm×21cm

【技法要点】0.3mm与0.5mm针管笔交错使用。0.5mm笔画山石、树木大的结构动态，0.3mm笔深入刻画细节。

作品名：藤木 **作者：**徐桂香（北京林业大学） **工具：**针管笔 **尺寸：**30cm×21cm

【技法要点】这是越南首都河内的一条小街，攀爬在建筑上的植物生长得极其茂盛，与建筑组成了生动的关系。为了加强画面前后的空间感，对右面的植物进行了详细的刻画。

作品名： 棕榈

作者： 徐桂香（北京林业大学）

工具： 签字笔

尺寸： 30cm×21cm

【技法要点】 画面运用俯视的角度，对近处的植物作了比较详尽的描写，对远景作放松处理，不强调明暗关系，画面的空间与组合基本上通过线的疏密节奏来完成。

作品名：山洞（宏村）
作者：周欣（华中农业大学）
工具：针管笔　线条＋调子

【技法要点】繁杂的植物群落环境，需要对画面完成后的预见，植物层次的理解与大胆的黑白灰度概括是加强局部特征与整体关系的关键。

作品名：风露入新秋 **作者：**徐桂香（北京林业大学） **工具：**针管笔 **尺寸：**30cm×21cm

【技法要点】借用中国画笔法，发挥线条的长处，注意用单线抑扬顿挫。用线的一波三折，将几种植物置于同一画面，利用线条的疏密表现画面的节奏。

作品名：青藤　**作者：**徐桂香（北京林业大学）　**工具：**针管笔　**尺寸：**30cm × 21cm

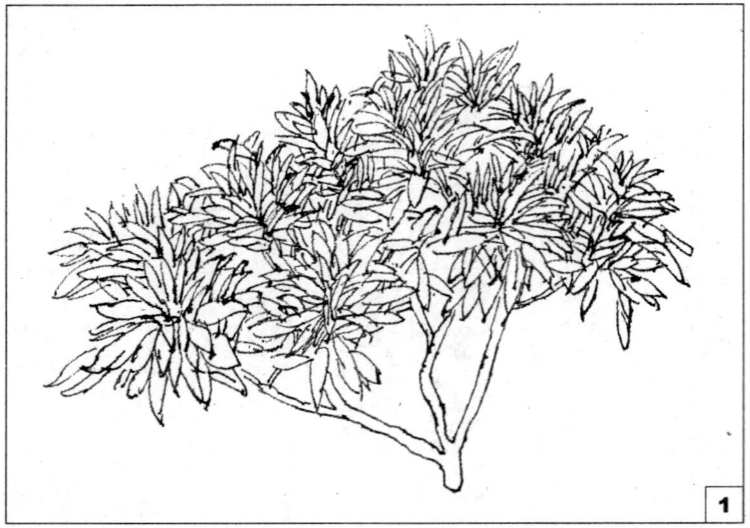

1

作品名：花园一角　**作者：**张乃沃（东莞理工学院）　**工具：**美工笔　**尺寸：**30cm×24cm

【技法要点】①确定整幅画面的构图，定下最高和最低的位置，哪些景物需要取舍，最后画出主体物的基本轮廓，注意不要一次刻画完整。②将画面其他物体简单画出来，注意植物的高低错落，不同的植物要用不同的描绘方法，通过用笔将它们各自的形状特征区别开来。③将画面进行整理，比如在右下角添加一些小石头使整个构图更加均衡。最重要的是通过加重画面的颜色使空间层次更加充分，主体更加突出。

2

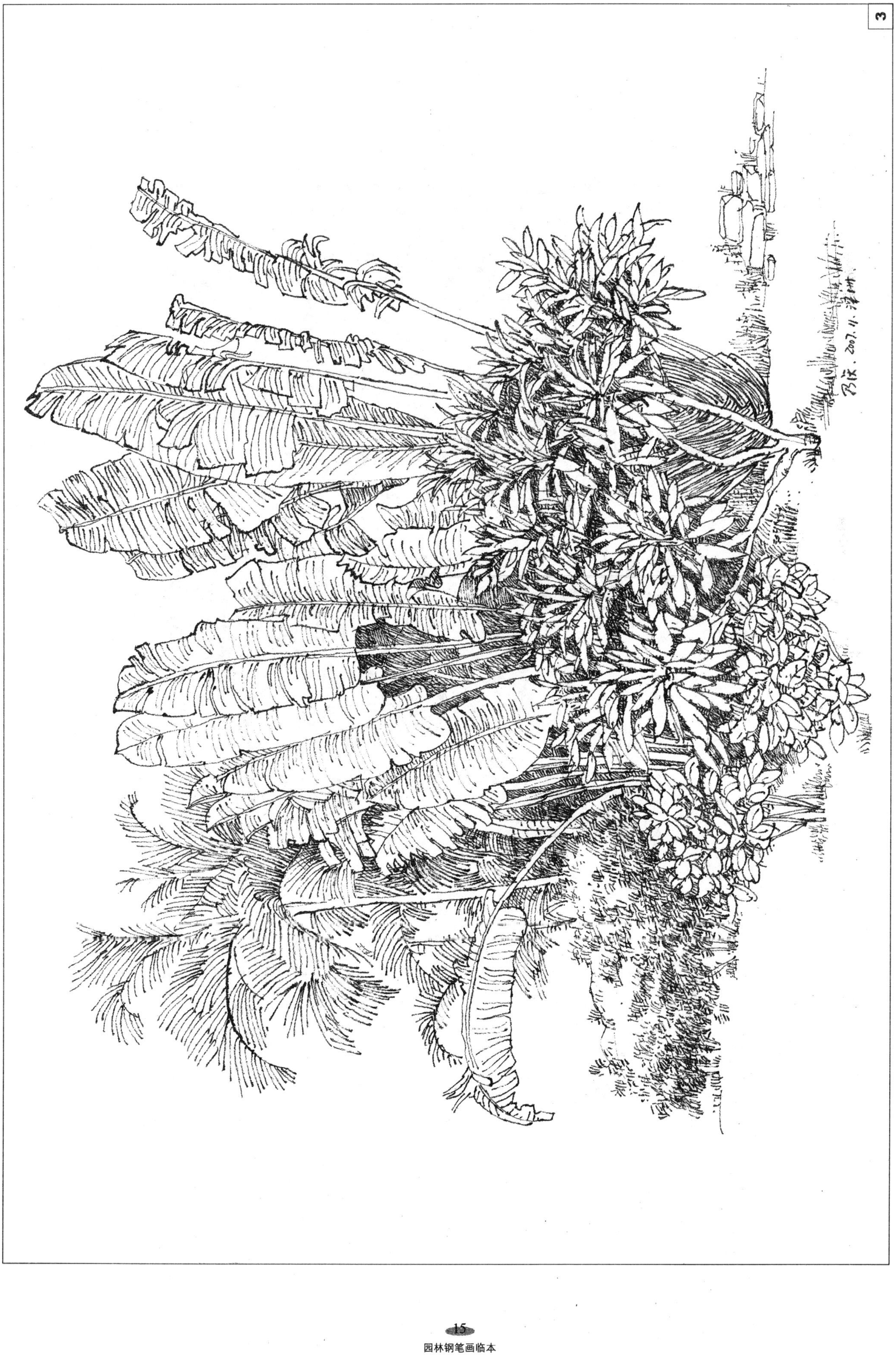

3

花园一角（成图）

散尾葵组合（照片）

作品名：散尾葵组合　**作者：**张乃沃（东莞理工学院）　**工具：**美工笔　**尺寸：**30cm×24cm

【技法要点】这张速写主要是表现两个花坛之间的前后空间关系。先从最前面花坛里的一组散尾葵开始描绘，使用较长的曲线来表现散尾葵的树叶特征，线条比较密集。下面的球状植物通过使用比较短促的线条将球体的特征描绘出来，使之具有很强的体积感。注意草地不要描绘得太满，要留大面积的空白，这样才能和散尾葵的密集线条拉开，体现出层次感。后面花坛里的植物描绘时线条比较疏，刻画的内容也相对简单，这样能更好地表现前后两个花坛的空间感。

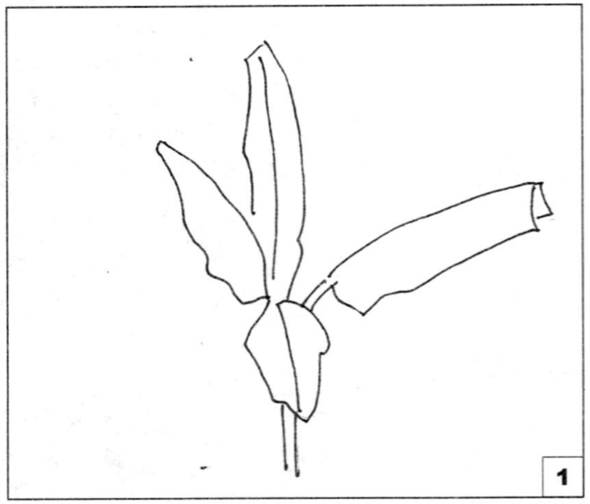

1

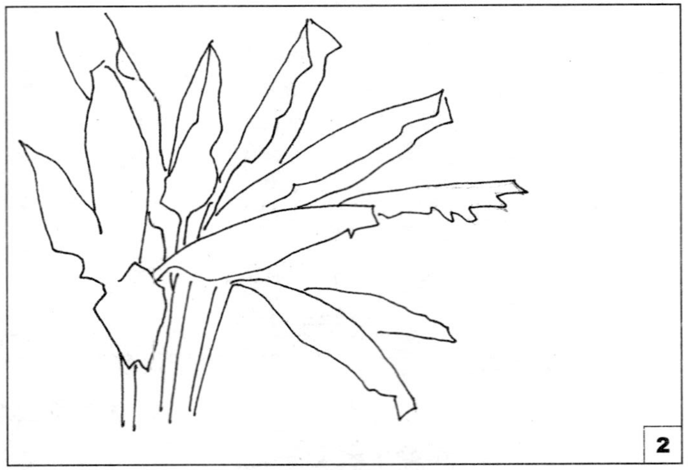

2

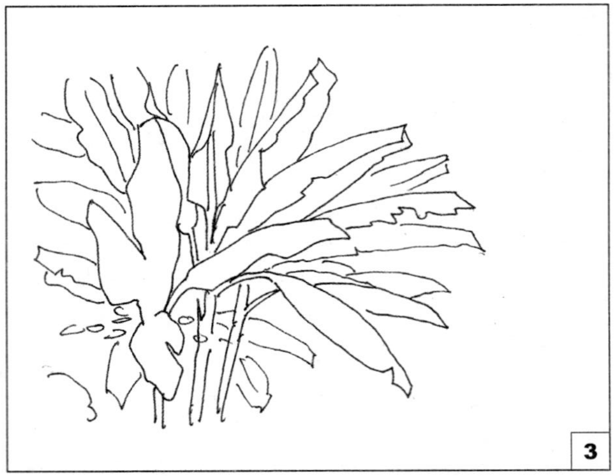

3

作品名：芭蕉　**作者：**黄培杰（江南大学）

工具：书写钢笔　**尺寸：**30cm×24cm

【技法要点】①面对物象繁多的情况要有意识地分组来画，分层次来画才不会乱。②要以线条为主抓结构，辅以明暗，不要过多地随着明暗来画，有时宁肯不画明暗也要用线条把物象结构画出来。③有一定的取和舍才好。

铅笔写生稿

芭蕉（成图）

作品名：自然灌木　**作者：**郭韵华（青岛农业大学）　**工具：**美工笔　**尺寸：**38cm×26cm

【技法要点】①起稿：选择所要表现的景物，用线条勾勒出基本外形，注意线条的穿插；灌木多为丛生，以虚线概括出形态为宜。②落幅：根据各种灌木的不同特征用不同的手法加以表现，要对景物的造型、画面的中心、线条的组织等做到胸有成竹。③深入：通过线条的粗细、长短、疏密组合和点的大小、聚散深入刻画，进一步表现出各灌木丛的前后关系及其形态特征。④调整：从整体考虑运用各种对比手法调整画面的黑、白、灰关系、主次关系，并对各部分景物的外形进行梳理，做到既有变化又有整体，准确艺术地表现对象的形象特征。

作品名：山野道路　作者：王立君（河北农业大学）　工具：美工笔

作品名：几何灌木　**作者：**宋磊（青岛农业大学）　**工具：**针管笔　**尺寸：**38cm×26cm

【技法要点】①打轮廓：用铅笔仔细地将不同形态的植物勾画出来，注意比例大小和空间体积。可将不同植物归纳为几何形，然后再根据结构、光线划分出明暗面，以利于后面的塑造。②整体塑造：根据植物受光的情况，画出明暗两大面。注意明与暗交界处叶形结构的变化，亮点要留白，钢笔线条可根据光线照射角度用斜线处理。③深入刻画：从画面中心的圆形小蜡入手，深入刻画。树形、叶形结构要充分体现，基本画好中景火棘后再进行远景龙柏、紫叶李以及近景美人蕉的刻画。画局部时一定要对整体的明暗层次胸有成竹。④调整画面：深入刻画完后，从整体效果出发对画面进行调整，需要加强部分进行加强，该含糊处（如龙柏杂树等）应含糊。做到主次分明，虚实得当，真实而艺术地表现出对象的造型特征。注意：由于钢笔画用笔只能加不能减，在表现对象的明暗关系时一定要留有余地，以便调整最后的整体关系。

作品名：拙政园小景　**作者：**许平（广东仲恺农业技术学院）　**工具：**黑色签字笔

【技法要点】树木的特点与层次关系是该图表现的关键，只有把树木花木特点特征把握准确了，空间与层次也就形成了。亭子下面草坡的适当留空、虚化与亭子后面短线条的加密在整体的空间关系上非常重要。

作品名：拙政园拾趣　**作者：**许平（广东仲恺农业技术学院）　**工具：**黑色签字笔

【技法要点】该图的构图表现比较大胆，前景拾取一角、中景拾取一段，但这都是有意的处理，这“一角、一段”已经把苏州园林建筑的特点把握住了，画面真正要表现的是“空间”与“线条韵律”的美——不同植物用不同的线条符号，画面有大切割的关系与疏密关系。这样，速写作为一种绘画形式进行探索的目的就已经达到了。

作品名：草坪园路　**作者：**陈叶（南京农业大学）　**工具：**美工笔
尺寸：38cm×26cm

【技法要点】草坪给人的感觉是平静的、广阔的，从而也容易使画面出现平板、空旷的倾向。本图运用草坪园路作为引导，从近处伸向远方，形成了画面的S形构图。画面恰到好处地运用了黑白、虚实的对比，产生了强烈的节奏感，使原本平淡的草坪显得极为生动。

草坪园路（成图）

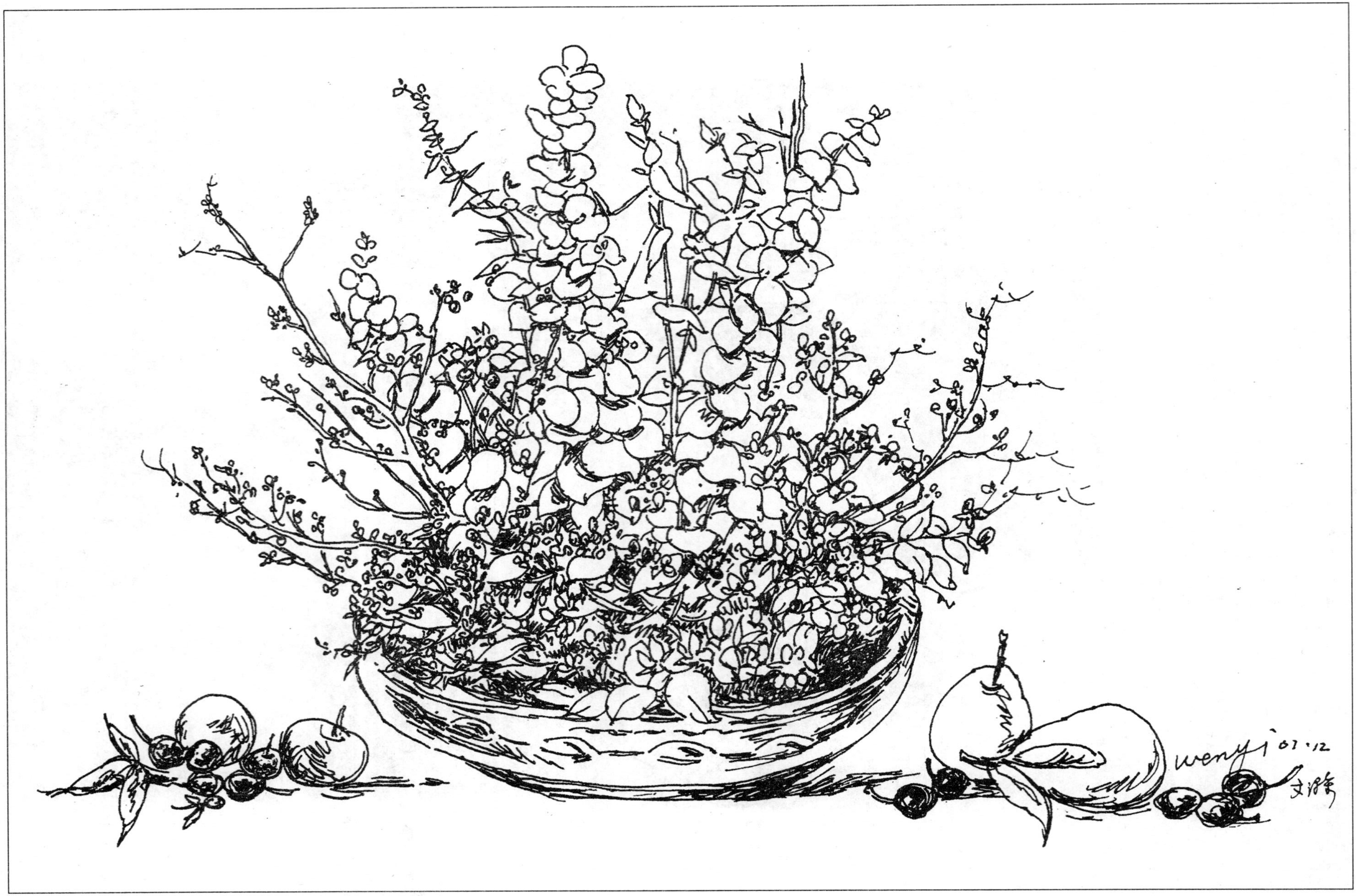

作品名：秋（插花） **作者：**高文漪（北京林业大学） **工具：**针管笔 **尺寸：**30cm×21cm

【技法要点】满盆的红豆与绿色小叶给人一种秋意盎然的感觉，加上桌面上水果的配合，画面意韵饱满、充沛，线条大胆、放松。

作品名：水生植物景观　**作者：**宫晓滨（北京林业大学）　**工具：**针管笔　**尺寸：**30cm×21cm

【技法要点】此图刻画了八九种南方亚热带植物，以水生植物构成画面主体。南方大叶植物的概括与留白，与背景较密实的他类植物线条，形成明确的“亮”与“暗”的对比。处于画面左、右的两种水生植物，在叶形大小与形象特点上形成对比与呼应。同时，要明确而简洁地表现水面。

作品名：白百合（插花）
作者：高文漪（北京林业大学）
工具：针管笔
尺寸：30cm×21cm

【技法要点】白百合以它挺拔、大气展现着它素雅和刚中带柔的气质。这幅画着力体现百合枝叶的直线条与花朵的弯柔状态，画面以线条刻画，上部与下部线条挺拔，与中部的花朵形成鲜明的对比。

作品名：花群　作者：高文猗（北京林业大学）　工具：针管笔

作品名：水生植物（瓶花）

作者：高文漪（北京林业大学）

工具：针管笔

尺寸：30cm×21cm

【技法要点】画面构图巧妙，打破均衡，玻璃器皿中植物根部与叶子线条流畅自如，体现出简洁清丽的现代感，与古朴的桌案形成一种对比的和谐之美。

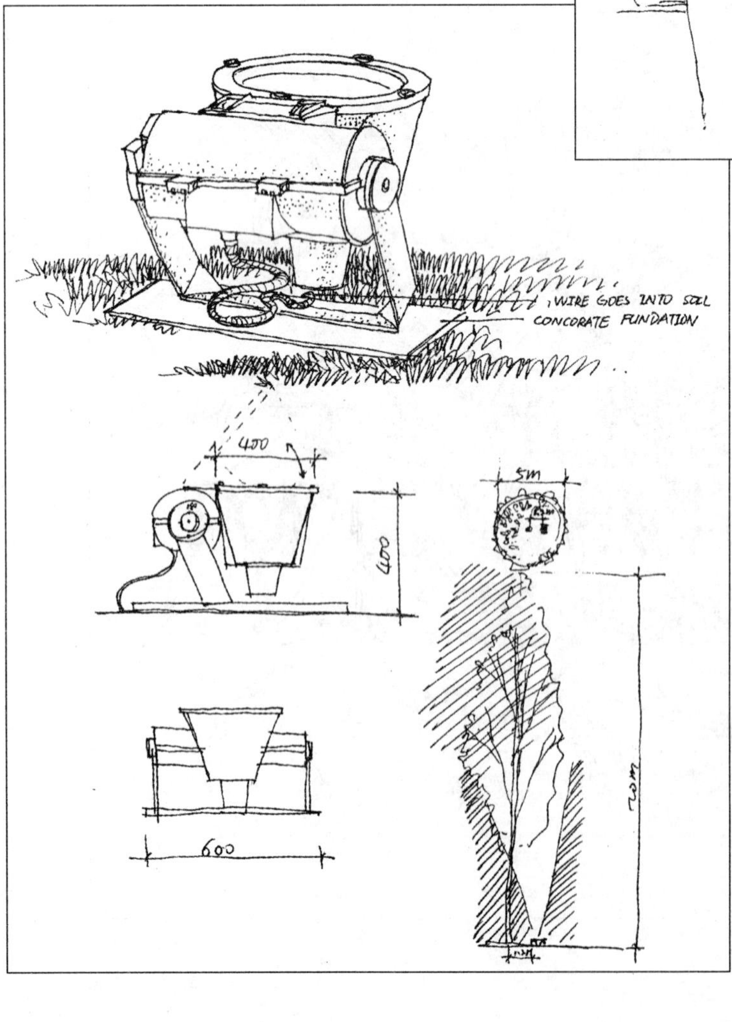

作品名：照明灯效果速写　**作者：**郭湧（清华大学在读博士）

工具：签字笔　**尺寸：**30cm×21cm

【技法要点】一个草地上照明灯的立体速写，两个立面小图，再加上一个对树木的光照效果设想，简明地表现了构思意图。

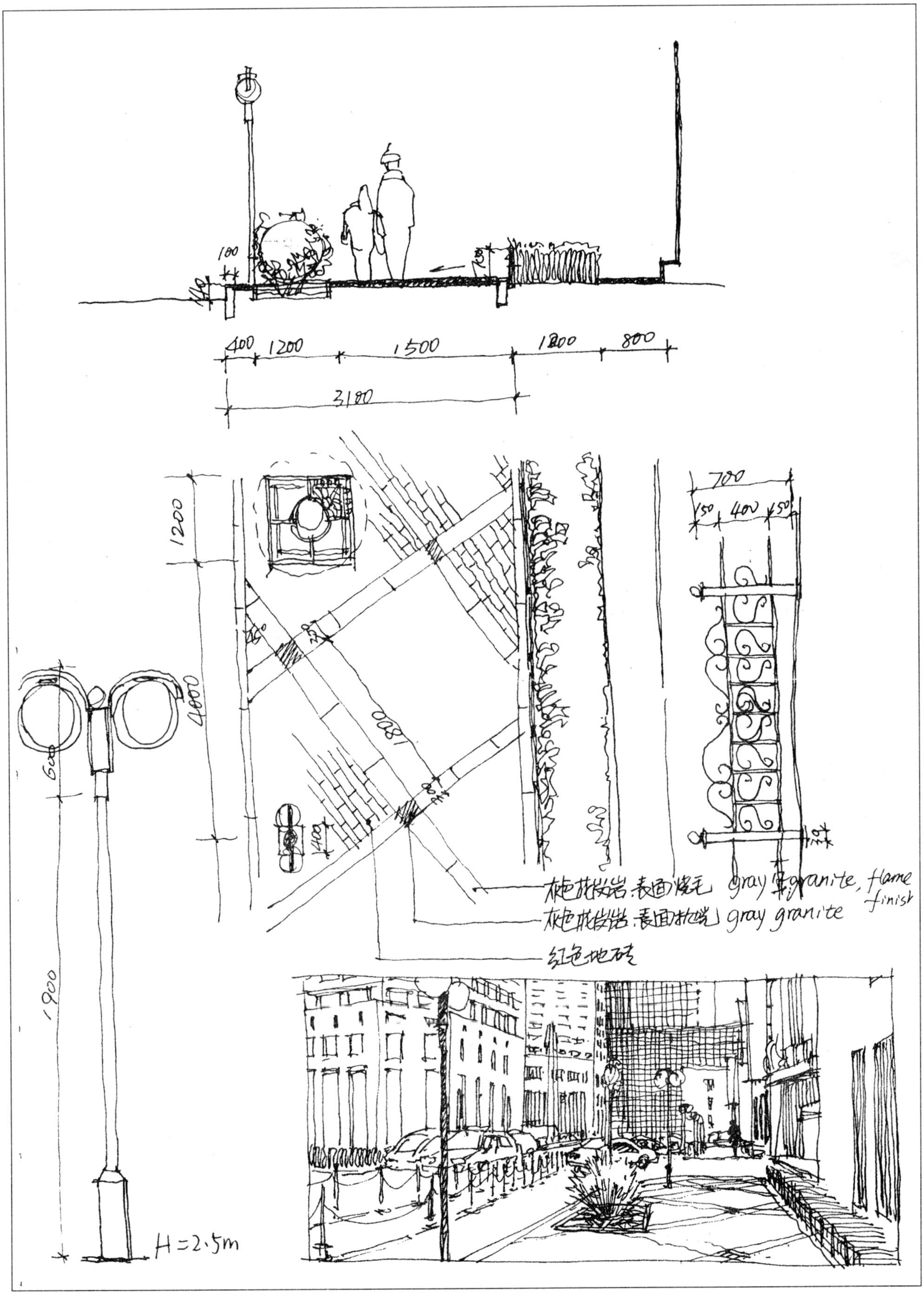

作品名：路灯与环境速写　**作者：**郭湧（清华大学在读博士）　**工具：**签字笔　**尺寸：**30cm×21cm

【技法要点】在平面、立面形式的基础上，概括出透视效果的概念性速写，在艺术和技术两个方面记录了设计构思的过程。

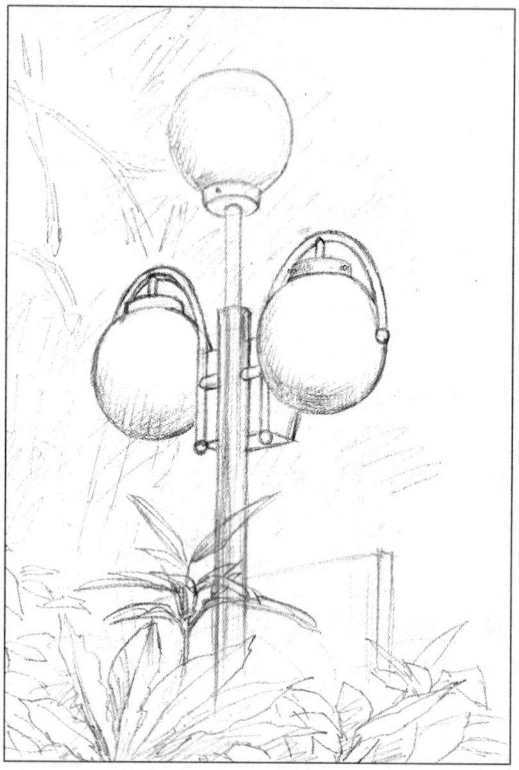

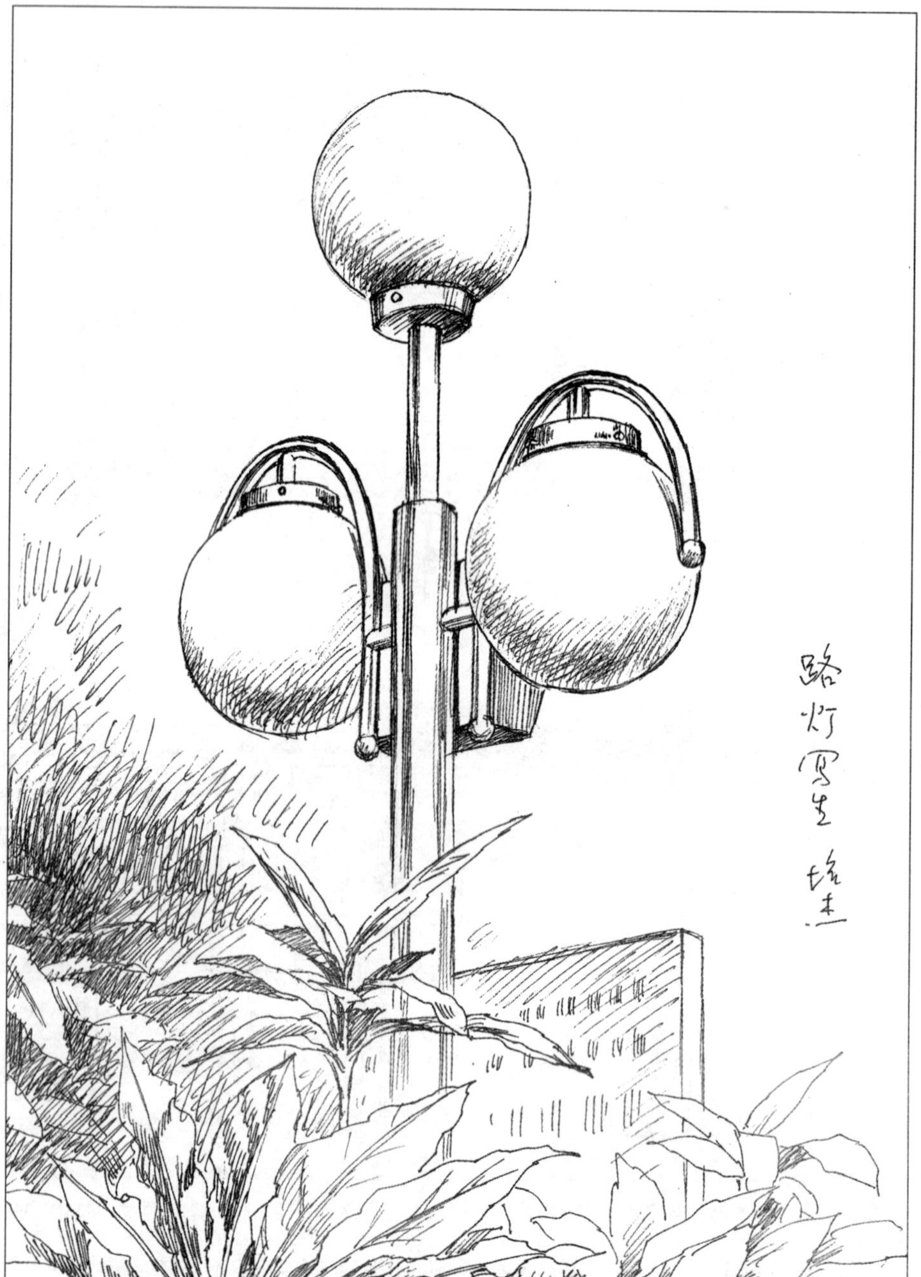

作品名：路灯写生　作者：黄培杰（江南大学）

工具：针管笔　尺寸：30cm×21cm

【技法要点】用线条抓结构，在线条抓准结构的基础上再适当加明暗，就会有好效果。

可以适应主体为主，把灯下方的树木降低；也可以把灯后面的大片树木简化和虚化，以突出路灯这个主体。

对于路灯这种结构比较精微的物象写生，最好先打铅笔稿，然后再以钢笔在铅笔稿上画，这样画铅笔稿时可以观察得更细致，表现上更大胆和主动，同时也便于修改。

作品名：花坛小品　**作者：**姜喆（北京林业大学）　**工具：**针管笔　**尺寸：**27cm × 19cm

【技法要点】花坛形态较为单一，空间景深较小。表现的难点在于空间层次不易清晰呈现，物象形态不易区分表现。描绘时要先将密集的植物做好空间层次分析，受光面线条运用要“少而精”，背光面要“多而不乱”，线条的排列组合要根据植物的种类有所区别。

作品名： 湖石 **作者：** 徐桂香（北京林业大学） **工具：** 针管笔 **尺寸：** 30cm×21cm

【技法要点】 相对自然山石而言，园林山石显得更加玲珑雅秀。描绘时注意湖石内部结构与外部形态的婉转变化和石材纹理所呈现的美感。

作品名：西泠石洞　**作者：**宫晓滨（北京林业大学）　**工具：**针管笔　**尺寸：**30cm×21cm

【技法要点】此洞是在一整块自然岩石上凿出来的，因而兼含自然与人工的双重性格。画此类"贯通"之洞时，在远处出口处要适当留白，以表现洞的通透之感，洞本身的"明、暗"与进深度也要分层次刻画。树木有选择地画两三棵，洞前池水与芦苇草丛也要有所交待，以表现此洞所处幽静而自然的环境。

作品名：湖石石门与石洞 **作者：**宫晓滨（北京林业大学） **工具：**针管笔 **尺寸：**30cm × 21cm

【技法要点】此景采自上海豫园，由“门”与“洞”的自然组合构成画面主体。表现这种由湖石“勾、搭”而成的石门时，除了门上湖石本身的刻画外，尤其要抓住门外景物与路面“通过”门下的情景表现。画自然形态的湖石洞时，要把从“明亮”到“灰暗”再到“最暗”的进深感表现出来。

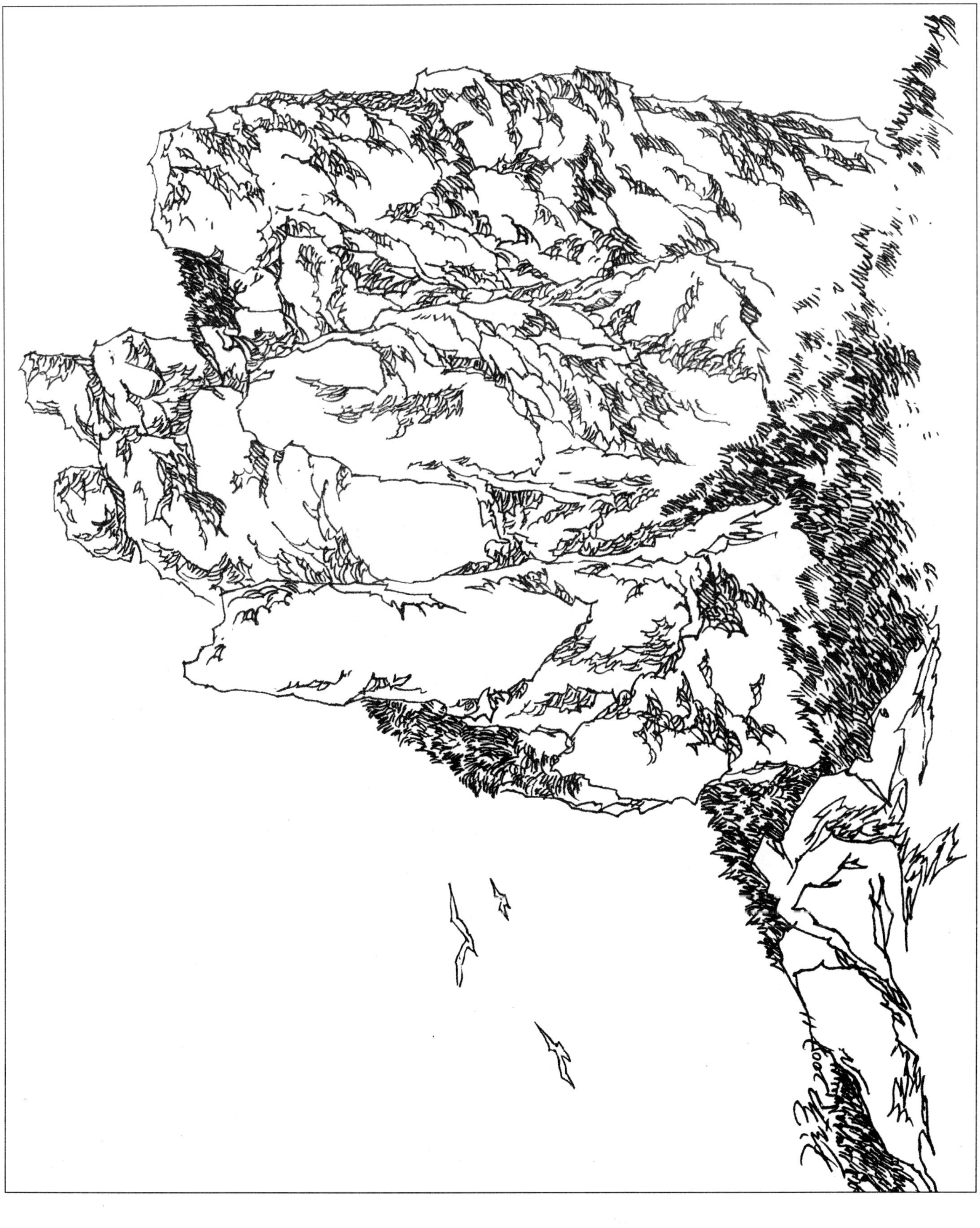

作品名：山崖 作者：王立君（河北农业大学） 工具：书写钢笔

作品名：黄石假山与古亭　**作者：**姜喆　（北京林业大学）　**工具：**针管笔　**尺寸：**30cm×21cm

【技法要点】假山是中国古典园林中较难表现的景物。形态不规则，肌理较复杂。描绘的要点是要把握住整体关系，用归纳的方法将山石分组分层描绘，在建立起山石的整体形态的基础上略表现孔洞肌理等细节。细节表现要恰到好处，宁少勿多，过多过繁势必破坏整体形态和空间组合关系，画面就成了一堆乱线。

作品名：石笋与竹　**作者：**姜喆　（北京林业大学）　**工具：**针管笔　**尺寸：**30cm×21cm

【技法要点】表现石笋时亮处仅用线条勾出纹理，多空白。暗处线条排列短而密，形成较强的明暗对比，突显出石头粗糙的肌理感。竹叶的线条运用相对较柔软疏松，与石笋形成黑白、明暗的对比关系。竹秆用线要挺直，略表现体积感，与石笋形成呼应关系。

作品名：太行山写生　**作者：**徐桂香（北京林业大学）　**工具：**签字笔　**尺寸：**30cm×21cm

【技法要点】太行山巍峨雄壮，多直壁悬崖。本图截取了山腰部分进行描绘，上下左右向图外延伸，表现其壮阔的特点。

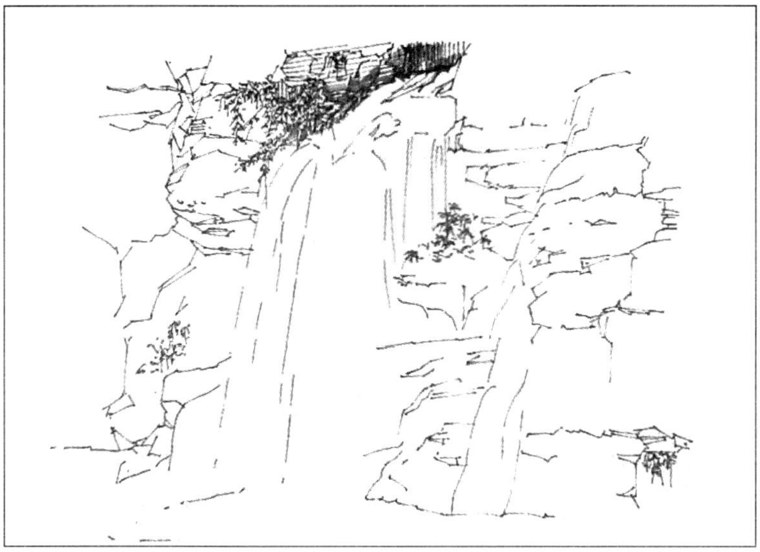

作品名：自然瀑布　**作者：**孟滨（河南农业大学）　**工具：**针管笔

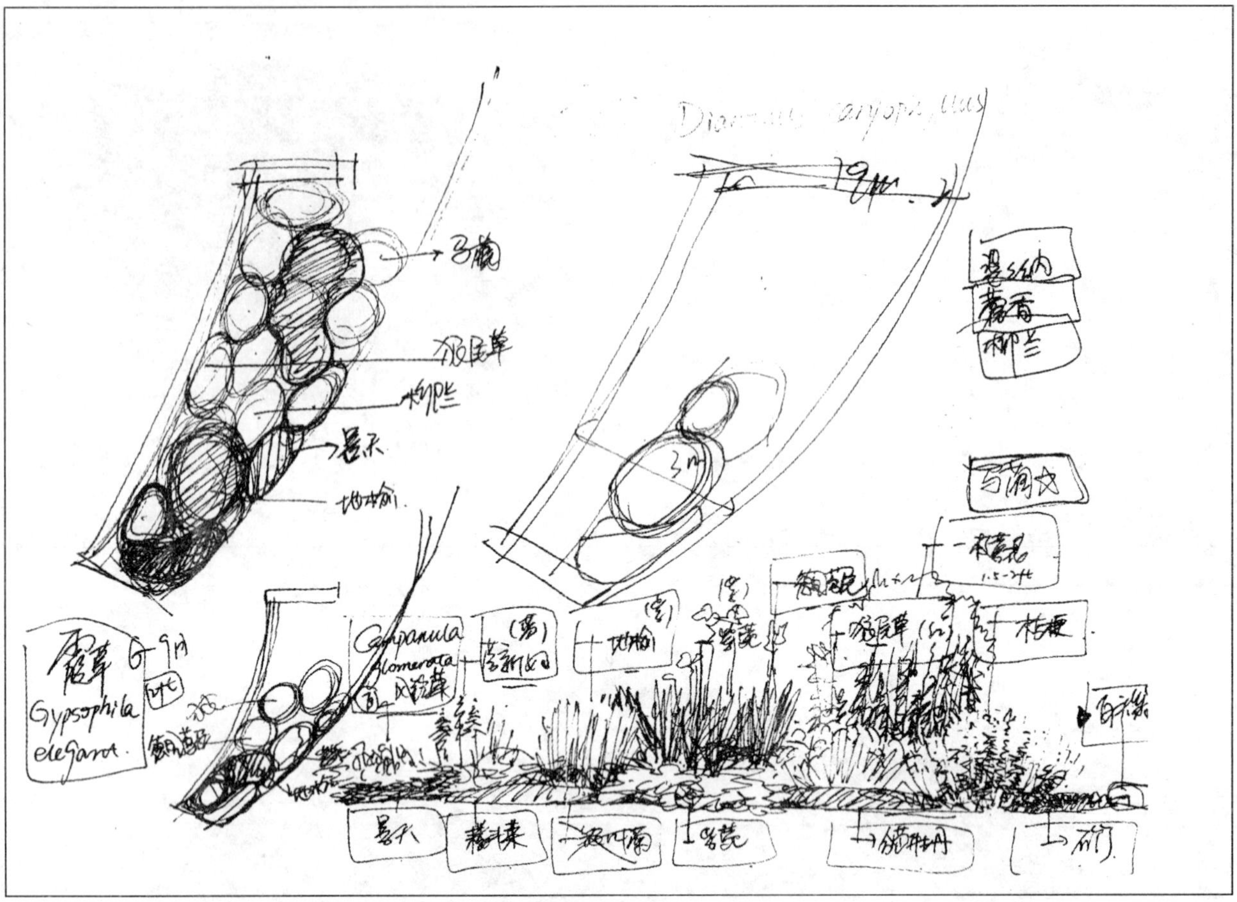

作品名：花坛构思草图　**作者：**郭湧（清华大学在读博士）　**工具：**签字笔　**尺寸：**30cm×21cm

【技法要点】快速画出的花卉种植形式速写，将设计构思简洁明快地表现出来。尤其是效果速写，花卉各异的形象特点已跃然纸上。

作品名：瀑布景观设计构思　**作者：**郭湧（清华大学在读博士）　**工具：**书写钢笔　**尺寸：**30cm×21cm

【技法要点】较大的瀑布水体被前边的自然岩石和植物遮挡，时隐时现，很好地分割了景观物象的层次。

作品名：水池小品 **作者：**高晖（北京林业大学） **工具：**签字笔 **尺寸：**30cm×21cm

【技法要点】水中卵石打破平静的水面，增加肌理效果。岸上的灌木无需刻画具体叶片，只需区分大体的受光与背光部分即可。这样做的目的是为了使水面的层次更加突出。作画时，注意线条的疏密组织关系。

作品名：荷塘 **作者：**徐桂香（北京林业大学） **工具：**针管笔 **尺寸：**30cm×21cm

【技法要点】一花一世界，一草一天国，虽是水边池畔二三荷花，几丛杂草，足以透出大千世界。

作品名：中国古典园林建筑　**作者：**姜喆（北京林业大学）　**工具：**针管笔　**尺寸：**30cm×21cm

【技法要点】学生往往十分头疼对古建筑的描绘，认为装饰细节繁缛琐碎，无从下手。其实症结在于整体与局部的关系没有把握好。只要把握住屋顶、檐部、整体和台基的结构组合和空间关系，所有的装饰细节只要略加暗示即可，大可将其隐没在整体的明暗、虚实中。

作品名：教堂　**作者：**高飞（东北林业大学）　**工具：**美工笔

【技法要点】这幅速写采用线条较细的中性炭素笔，主要以线来组织建筑和树木的关系，最后根据需要用线排出中景的门窗等背光部分，形成黑色的色块、与简洁的线条形成对比，增加画面的趣味感。

作品名：老屋（哈尔滨红军街） **作者：**高飞（东北林业大学） **工具：**美工笔　线条＋调子

【技法要点】这幅作品采用丰富而密集的线条画远处的针叶树，近景的通过线条概括作最简炼的表现，这一繁一简形成画面的黑白关系。另外还通过线条疏密的变化及线条长短等方面的对比，衬托出俄式别墅建筑的精致细节，构成画面的层次与韵律，使画面丰富而不失秩序。

作品名：水池景观——西方古亭　**作者：**宋磊（青岛农业大学）　**工具：**针管笔　**尺寸：**38cm×26cm

【技法要点】①构图打轮廓：布置好近景（水池）、中景（石亭）、远景（树）的空间关系，用铅笔仔细地将植物的轮廓勾画清楚，注意亭、树的结构及水面的光影关系，块面关系。②大关系表现：根据物体的受光情况，分出受光、背光两大面，画明暗时注意形体结构与明暗的结合。③深入刻画：从画面的主体物（亭）开始深入刻画，基本完成一个局部后再画另一个局部，力争一遍基本完成。注意整体感的把握，明暗层次要心中有数，一般以中心主体物为表现中心，前景、中景衬托之。水的造型、明暗与环境关系很大，一定要上下左右联系，表现出水的形态、质感及光影光系。记住水永远是周围环境与运动的反映。④整体调整：从画面整体关系的需要调整明暗结构，使画面形成主次分明、虚实得当的艺术效果。

作品名：趣（现代园林透视图） 作者：高文漪（北京林业大学） 工具：书写钢笔 尺寸：30cm×21cm

【技法要点】这是一幅现代园林小品，画面表现园林一角，构图饱满，线条自如、粗犷，体现出景物轻松闲逸的特质。

作品名：无题（民居） **作者：**徐桂香（北京林业大学） **工具：**签字笔 **尺寸：**30cm×21cm

【技法要点】为了加强画面的疏密对比，将墙面与建筑作留白处理。

作品名：拙政园一角
作者：姜喆（北京林业大学）
工具：针管笔
尺寸：30cm × 21cm

【技法要点】此幅是拙政园梧竹幽居写生，景物相对较为复杂。在准确表现物象特征的基础上要通过线条的疏密缓急以及不同的排列组合方式使景物之间形成相互映衬、互为依托的整体空间关系。

海南岛国家热带雨林公园一角（照片）

1

作品名： 海南岛国家热带雨林公园一角　**作者：** 吴兴亮（海南大学）

工具： 钢笔　**尺寸：** 52cm × 38cm

【技法要点】 先用钢笔勾画出热带雨林和茅屋建筑的造型。一般采用从近景到远景，从上到下，从左到右，整体观察，局部刻画。接下来用钢笔勾画出热带雨林和茅屋建筑及周边环境的大体素描关系，排线有主次之分，疏密有致。画远景和近景的植物时，要注意植物透视和光线中的微妙变化。

海南岛国家热带雨林公园一角（成图）

作品名：现代景观设计表现透视 1　**作者：**高晖（北京林业大学）　**工具：**签字笔　**尺寸：**30cm × 21cm

【技法要点】树叶的层次是整幅画面的表现难点，近景和远景的对比在于树叶的疏密。作画时，一旦提炼出主体的基本线条和形状，画面效果做到赏心悦目和均衡和谐就简单得多。座椅平台增加黑白对比度，使其成为画面的视觉中心。

作品名：现代景观设计表现透视 2　**作者：**高晖（北京林业大学）　**工具：**签字笔　**尺寸：**30cm × 21cm

【**技法要点**】现代景观墙体与自然植物的结合。用植物的柔美和自由衬托墙体的平稳与简洁。作画时，墙面的影子可竖向排线，为地平线上的一棵树充当灰色背景。

作品名：现代景观设计表现透视 3　作者：高晖（北京林业大学）　工具：签字笔　尺寸：30cm × 21cm

【技法要点】竖向的树干在画面中起到支撑作用，砖墙的横向线条又与之形成对比，把繁密的树叶纳入画面上半部，遮挡面积过大的天空。作画时，注意树的体积感的塑造。

作品名：池塘水清浅　**作者**：徐桂香（北京林业大学）

【技法要点】将坡石、荷叶做留白处理，与水边植物的深入刻画形成对比节奏。

1

作品名：中国北方民居　**作者：**刘宁（青岛农业大学）

工具：针管笔　**尺寸：**38cm×26cm

【技法要点】①构图起稿：定出画面的前景、中景、远景和大的黑白布局，根据刻画对象的结构特点，以线条的疏密节奏，长短穿插来表现建筑的透视形态和结构，线条要清晰到位，为下一步刻画提供可塑造的依据。②定稿：进一步刻画建筑的大块面之间的关系，用长线和短线将建筑物的各部分明暗关系确定。可适当调整底稿中不准确的线及结构，确保画面效果合理，透视准确。③细部刻画：从建筑最暗的部分开始，以更精密的线条和丰富的调子对建筑物的穿插结构更加细致地进行描绘，并以不同的表现手法将各个部分区分开，使画面效果富于变化，基本接近建筑本身的明暗关系。④调整画面：画面继续深入并保持住明暗结构的大关系，注意暗部深入但不能画死。通过调整，使画面主次分明，中心突出，达到虚实相生的艺术效果。

2

3

中国北方民居（成图）

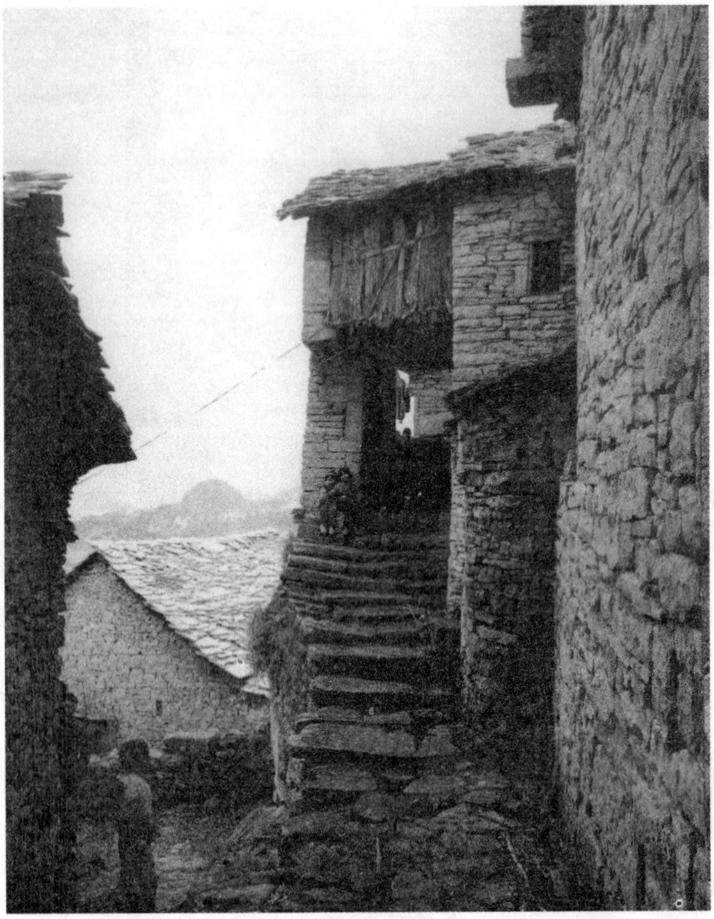

作品名：石屋建筑 **作者：**吴兴亮（海南大学）

工具：钢笔、黑墨水 **尺寸：**52cm × 38cm

【技法要点】先用钢笔勾画出石屋建筑的造型。一般采用从局部入手，再到整体的手法。接下来用钢笔勾画出石屋建筑的大体素描关系，表现石屋建筑阴影与结构的排线既要有流畅的单线条，又要有层次分明的排线组合，还要运用线条与块面结合的表现方法。

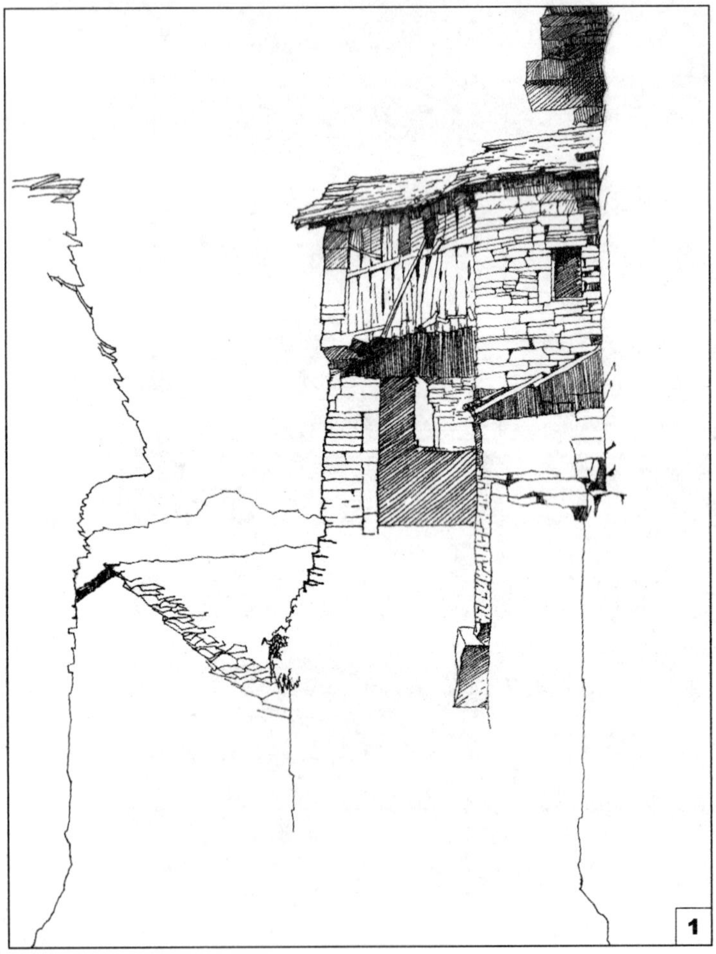

1

2

石屋建筑（成图）

1

作品名：吊脚楼　**作者：**陈叶（南京农业大学）

工具：美工笔　**尺寸：**38cm × 26cm

【技法要点】本图用美工笔画成，采用了线面结合的技法，大胆落笔，小心收笔。粗细交错的线条、对比强烈的明暗，粗犷的背景处理，加上水面的虚幻倒影，画面整体粗中有细、静中有动，加上后面新建的楼房，使青山绿水间的吊脚楼更为朴实无华，既保留了传统特色，又多了些现代气息。

2

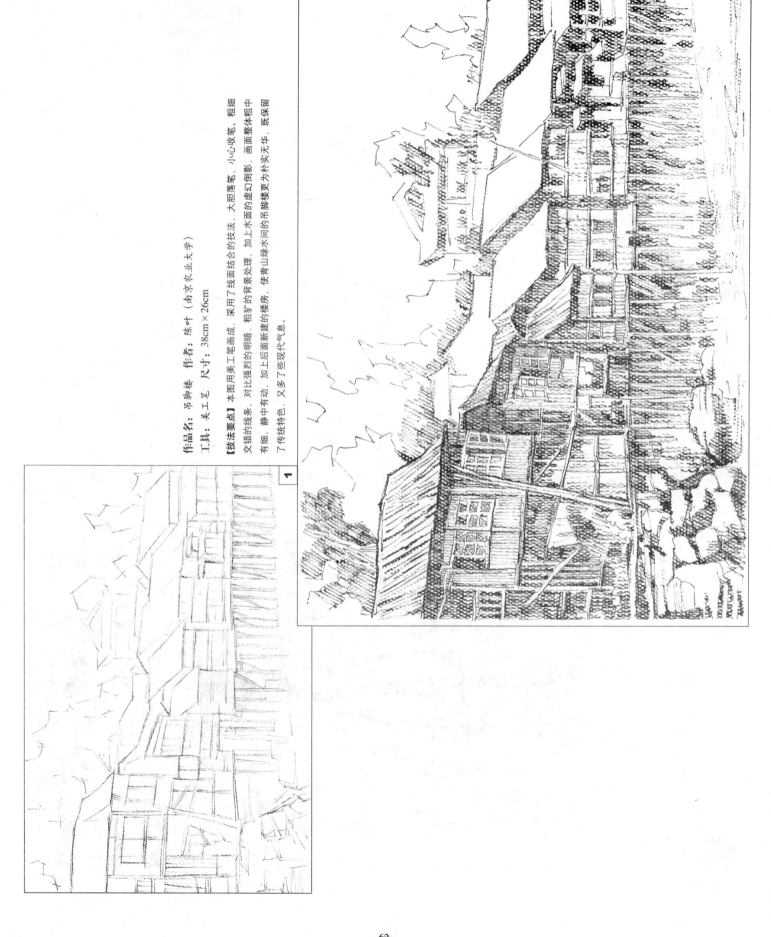

吊脚楼（成图）

作品名：青岛八大关　**作者：**朱琳（青岛农业大学）

工具：针管笔　**尺寸：**38cm×26cm

【技法要点】①构图：画出近景、中景、远景的空间关系，形成以建筑为中心的景观。注意近景（树）的布置要有助于突出中心建筑，描绘时要有整体观念。②深入刻画：运用线条疏密组合表现景观的前后空间关系，注意线条穿插要与树、建筑的结构紧密结合，力求一遍基本完成形体的塑造。③调整：在初步完成的基础上，根据画面需要进行整体处理，使画面空间感、主次虚实更加突出分明。调整意味着主观因素的介入，因此，点、线、面处理可根据画面具体要求进行，只要达到艺术地表现对象即可。注意：用线表现景观应先画离人最近的景物，层层衬托推远，切忌线条交叉，削弱前后空间关系。

2

青岛八大关（成图）

作品名：桥与屋舍　**作者：**徐桂香（北京林业大学）　**工具：**签字笔

【技法要点】将主体置于画面上部1/2处，做背光处理。下部一条小石子路蜿蜒通向门房，一个小木板将视线引至画外。

作品名：街景风情速写　**作者：**郭湧（清华大学在读博士）　**工具：**签字笔　**尺寸：**30cm×21cm

【技法要点】这是一幅十分钟的速写作品，呈“多点”透视。画面笔法熟练，线条流畅、简洁，成功地捕捉了街景风情并表现出民俗意味。

作品名：圣彼得堡夏宫速写（花坛） **作者：**高文漪（北京林业大学） **工具：**针管笔 **尺寸：**30cm×21cm

【技法要点】画面构图开阔，透视疏朗。以植物为主，建筑作为陪衬，采用较放松的线条以突出前面花卉配置。画面采用线面结合的手法，以黑白灰关系的合理安排突出画面立体感。注意山坡地形与建筑的层次关系。

作品名：湿地—远山　**作者：**高文漪（北京林业大学）　**工具：**美工笔　**尺寸：**30cm × 21cm

【技法要点】画面内容丰富，视野开阔深远，在用笔方面注重画面特点，采用轻粗线条,以线条加明暗的手法,体现出黑白灰关系,以加大画面的开阔和纵深感。

作品名：深绿　**作者：**高文漪（北京林业大学）　**工具：**针管笔

【技法要点】庭园一角，以线条为主，适当加入一些调子，以突出院落前后关系，院中植物丰富、布局雅致。落笔前要思考周全，完成时才能错落有致。

作品名：西方现代商业街景观雕塑透视图　**作者：**高珲（北京林业大学）　**工具：**签字笔　**尺寸：**30cm×21cm

【技法要点】商业街的表现突出画面的整体氛围。此图中的水池雕塑是画面的重点表现部分，线条的疏密和黑白灰之间的对比突出喷泉流水的效果，前景的繁密与后景建筑的简洁形成对比，使重点更加突出。

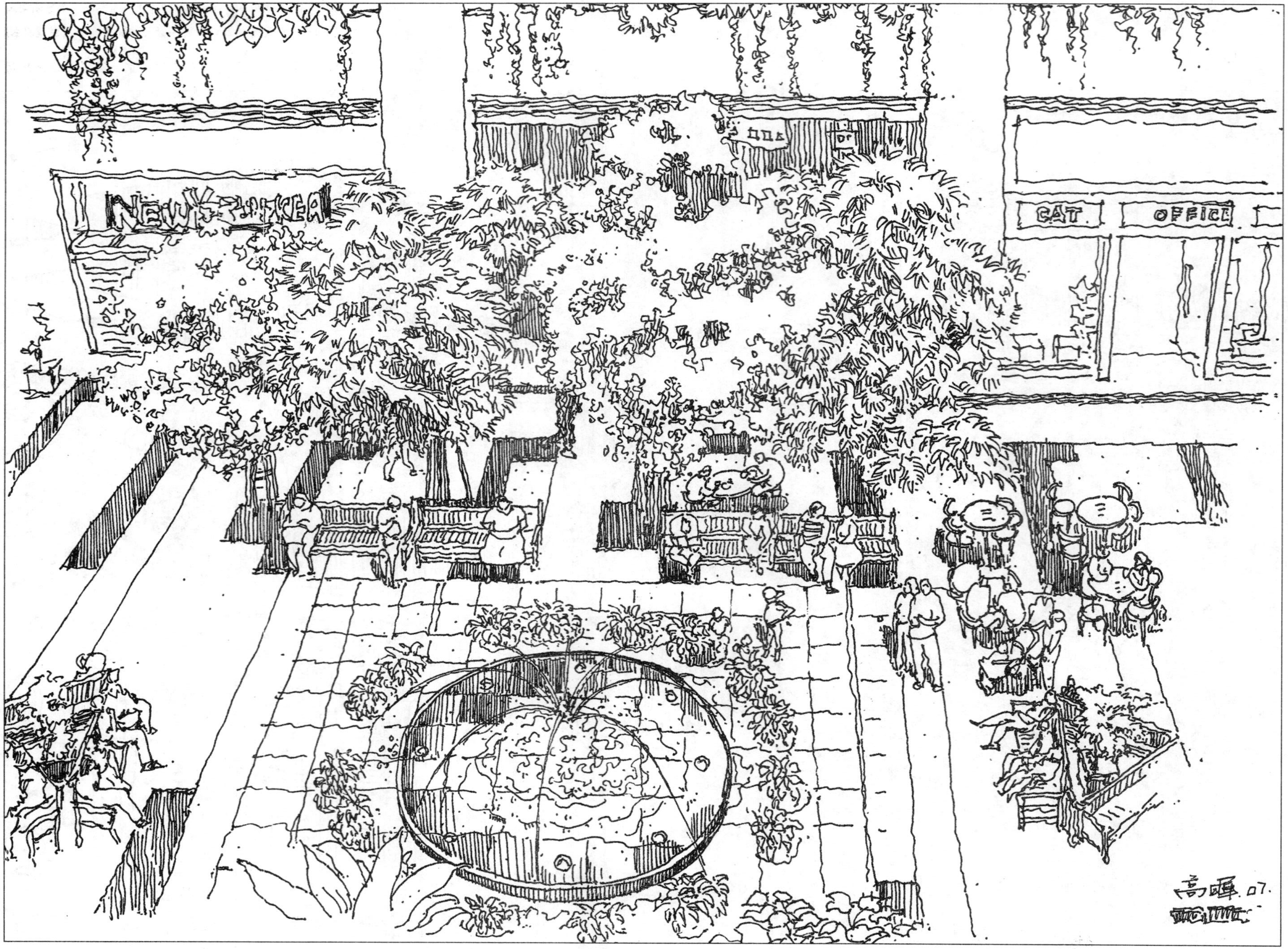

作品名：西方现代商业街景观鸟瞰图　**作者：**高晖（北京林业大学）　**工具：**签字笔　**尺寸：**30cm × 21cm

【技法要点】画面通过线条的疏密来突出各个物体，如建筑的“密”映衬植物的“疏”；作画时线条简练概括、流畅、肯定。人物的塑造只需要大体动态上的高度概括，在画中起到“点睛”的作用。

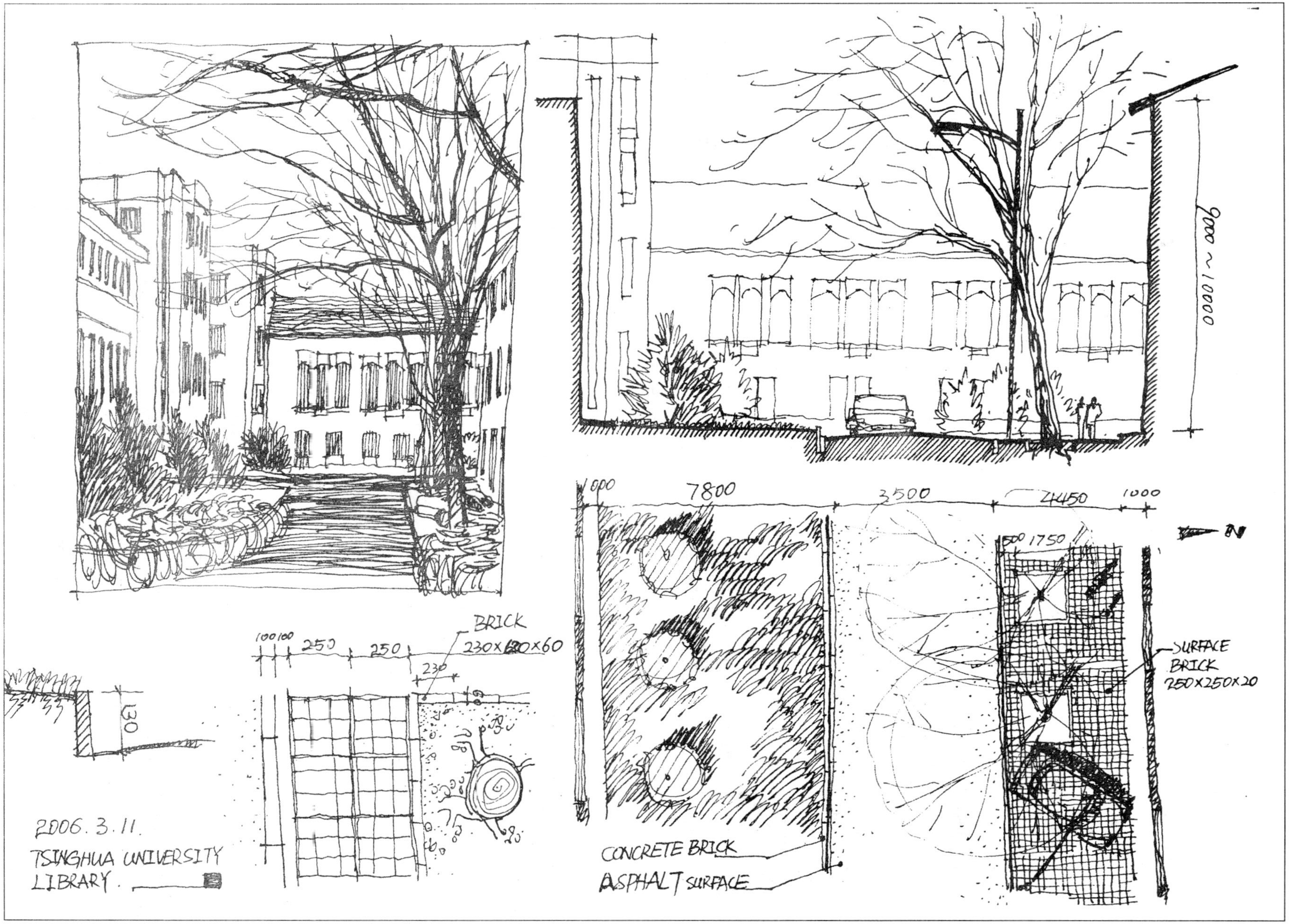

作品名：平面—立面—透视的速写式概念构思 1　**作者：**郭湧（清华大学在读博士）　**工具：**签字笔　**尺寸：**30cm×21cm

【技法要点】这几张手稿和草图有的是对某处所作的记录和分析，有的是在设计构思之初快速勾画的概念草图。

设计师的眼睛时时处处都能发现设计，随身带一册速写本、一支墨线笔，把这些发现都仔细地收藏起来，一点一滴的积累过后再回头看时，突然发现自己已经用线条描绘出了一个充满设计的世界。这个世界是用设计师的语言描述的：平面、立面、剖面、透视、细部一应俱全。这样的速写除了记录下心情和感受处，更有技术性的要素，即可以被看作是描画在速写本中的绘画艺术创作草图，更是不折不扣的"设计图纸"。至于那些概念草图，更多的是在灵感的火花突然迸发时，用速写这种最高效的形式把它固化在纸上，也许这些貌似涂鸦的线条正是一件佳作诞生的起点。

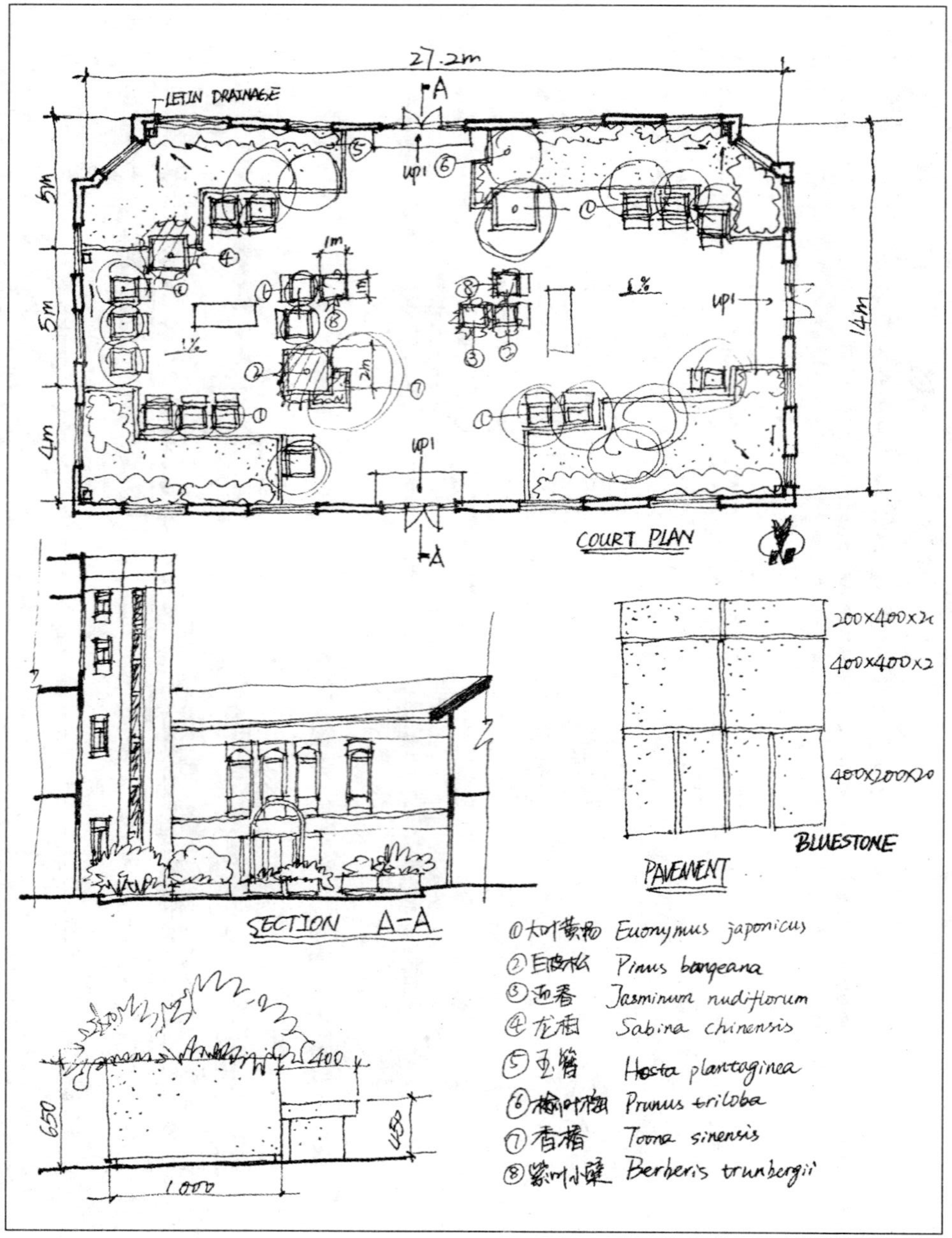

作品名：平面—立面—透视的速写式概念构思 2

作者：郭湧（清华大学在读博士） 工具：签字笔

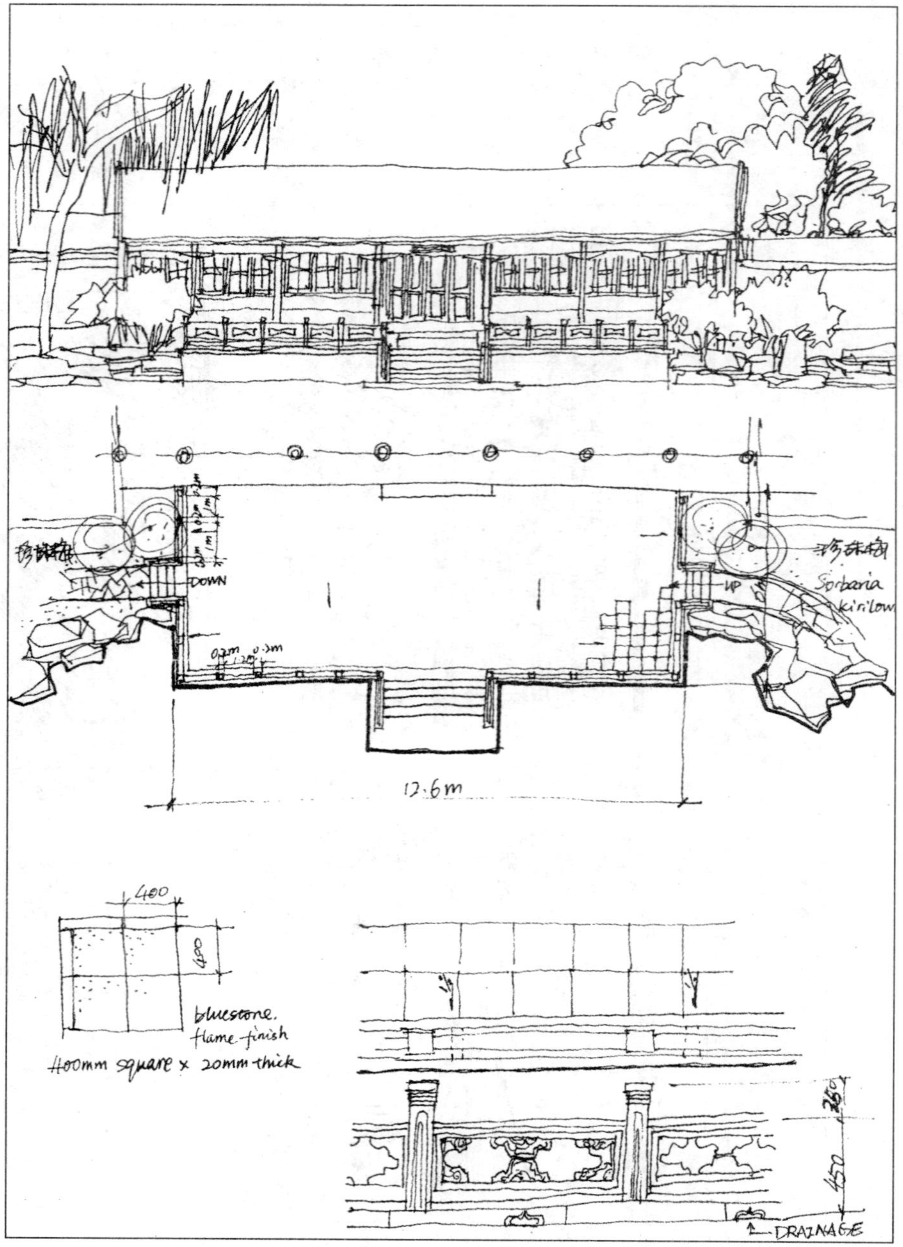

作品名：古建筑设计构思速写

作者：郭湧（清华大学在读博士） 工具：签字笔

【技法要点】用速写的形式，将表达古建筑形象与环境植物的立面效果与平面结合起来，既展现了艺术上的表现力，又说明了设计上的技术性。

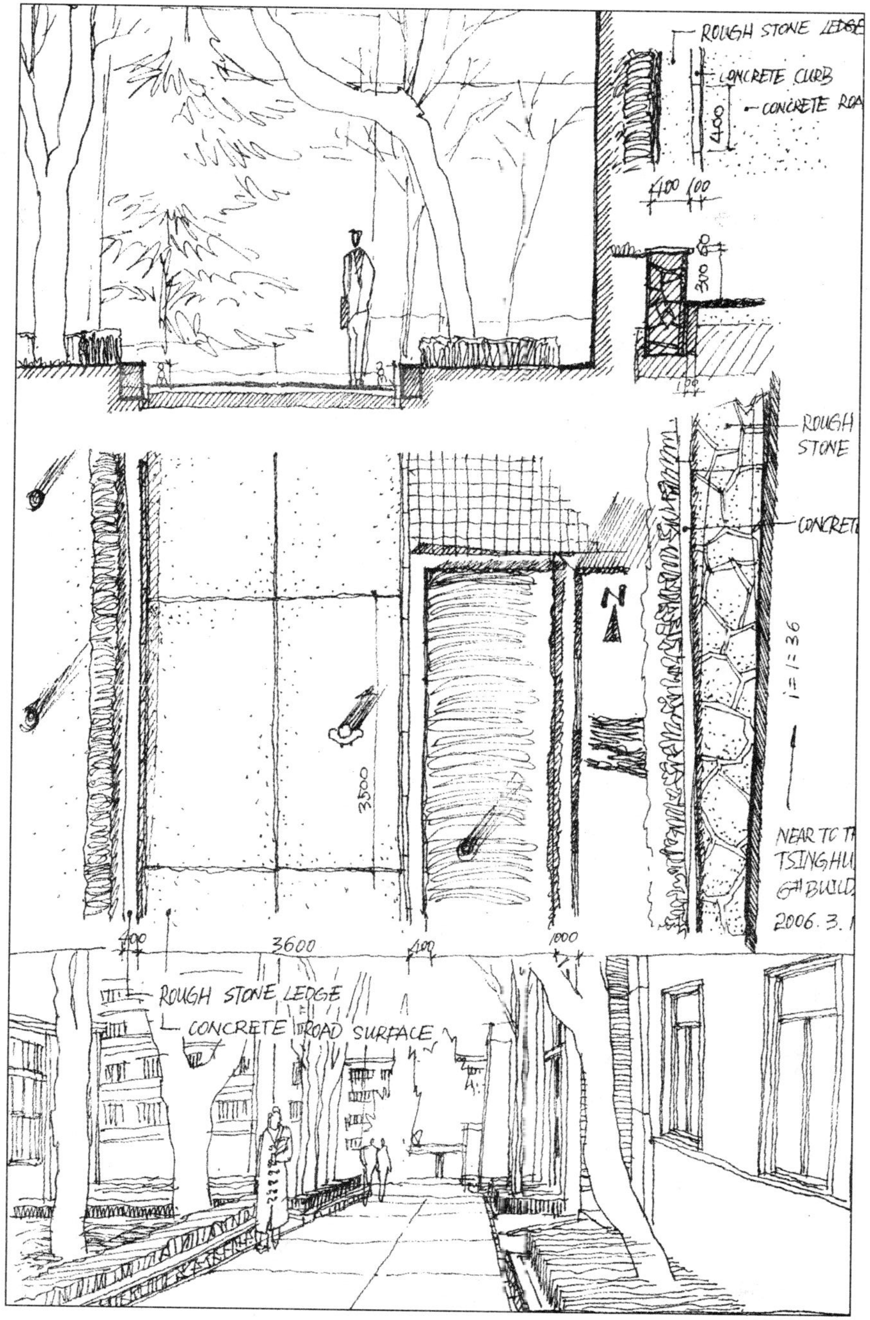

作品名：平面—立面—透视的速写式概念构思 3

作者：郭湧（清华大学在读博士） 工具：签字笔

作品名：平面—立面—透视的速写式概念构思4

作者：郭湧（清华大学在读博士） 工具：签字笔

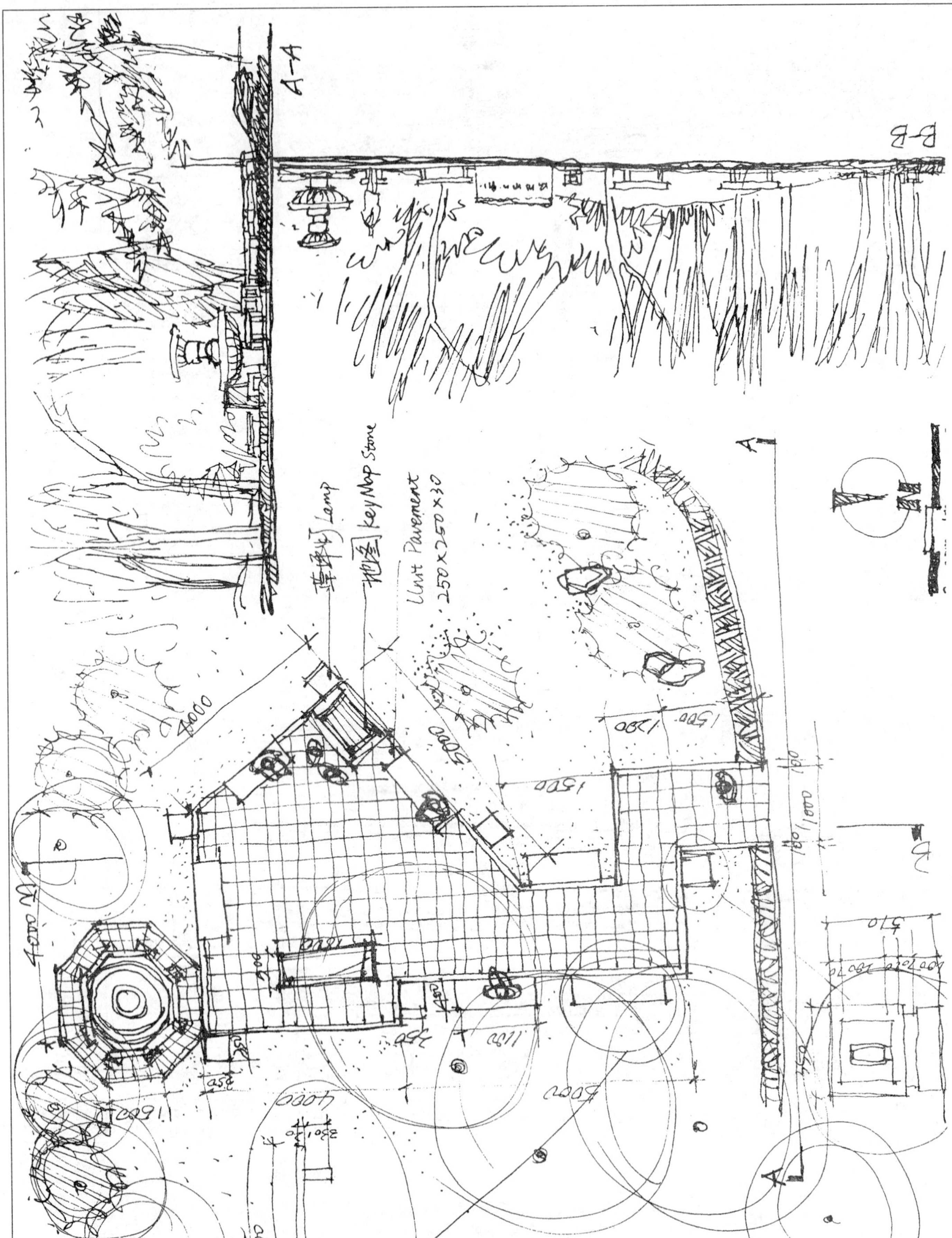

作品名：平面—立面—透视的速写式概念构思5 作者：郭勇（清华大学在读博士） 工具：签字笔

作品名：现代西式花园局部透视创作　**作者：**宫晓滨（北京林业大学）　**工具：**针管笔　**尺寸：**30cm×21cm

【技法要点】这张图的题材采自上海"东锦江大酒店"西式花园的平面图，但在进行生活平视视角的创作时，根据个人爱好进行了局部改动。此图是个较复杂的多点透视画面，在总体大的透视感上要尽量合理而舒服。植物安排既有规则形式又有自然形式，因此显得活泼而有序。

作品名：西式花园鸟瞰创作　**作者：**宫晓滨（北京林业大学）　**工具：**针管笔　**尺寸：**30cm × 42cm

【技法要点】此图的平面依据P79，遮挡花园景致的高楼删去不画。这块较大面积的阳光草坪是这个"西式花园"的主要特点，表现草地的短线条稍有夸张，并以成"组"成"行"的形式伸展排列。这样，在画面全局上形成较"重"的调子，对突出园子的主要特点起到了很好的作用。刻画跌水时要安排好高低层次，用线要简洁明快。

作品名： 廊桥（广西余荫园） **作者：** 高飞（东北林业大学） **工具：** 炭素笔＋美工笔　线条＋调子

【技法要点】 这是一张没有画完的作品。画者从左边廊桥的屋顶画起，起初画得很细，想尽量表现建筑的细节和特点。用炭素笔刻画出大的透视关系和部分画面后，由于时间关系，来不及细部刻画，索性换用美工钢笔，大胆落笔，抓重点，快速进行大的关系的处理。虽然没有画完，画面主体已构建出来，剩余部分留给观者一定的想像空间，反而效果比预想的要好。

作品名：日本法隆寺鸟瞰

作者：姜喆（北京林业大学）

【技法要点】鸟瞰图是园林景观钢笔画中很重要的一种，由于画面覆盖面积相对广阔，景观丰富多样，也是难度较大的一种。画鸟瞰图的钢笔画重点在于画准透视和景物的比例关系，同时注意要运用黑白灰的色调变化表现出景物的空间层次和相互关系。

作品名：圣·彼得堡街景速写　**作者：**高文漪（北京林业大学）

工具：钢笔＋彩铅笔　**尺寸：**29cm×21cm

【技法要点】赴俄罗斯博物馆参观途中，红灯时写生约3分钟，这种快速抓住景物特点，并在半记忆状态下完成的速写作品，在生活中应经常实践，对绘画或设计很有帮助。

作品名：列宾美术学院速写　**作者：**高文漪（北京林业大学）

工具：钢笔＋彩铅笔　**尺寸：**29cm×21cm

【技法要点】列宾美术学院距涅瓦河边只有几米的距离，站在下面没有太多的感受，但当我来到河的对面却忽然看到了它的全貌，学院大气肃穆，坚实简洁。但大巴车一直向前方开去，我尽可能地以最快的速度抓住建筑特点，完成了这幅作品。

作品名：莲池小憩　**作者：**宫晓滨（北京林业大学）　**工具：**钢笔＋淡水彩　**尺寸：**8K素描纸

【技法要点】这是一张国外园林小景观的透视表现创作，刻画了一个幽静的休憩小环境。先以签字笔勾勒主要物象外轮廓，线条既要根据不同物种形态特点画，又要在疏密安排上适度，给下一步的淡彩留有充分余地。注意铺装线条的"透视感"要基本舒服，座椅与水中莲花的色彩纯度要高些、鲜亮些为好。

作品名：“涌玉”之秋　**作者：**宫晓滨（北京林业大学）　**工具：**钢笔＋淡水彩　**尺寸：**8K素描纸

【技法要点】这是一张典型的中国古典传统园林的景观创作绘画，题材采自承德“避暑山庄”中的“玉岑精舍”，取园中一个单体景点进行完全的创作绘画（或默画）。先以签字笔根据平、立面图的基本要求进行整体勾画，再施以淡水彩进行适度润色。在环境表现上可以进行适当的夸张处理。

作品名：“玉岑精舍”鸟瞰创作　**作者：**宫晓滨（北京林业大学）　**工具：**钢笔＋淡水彩　**尺寸：**52cm × 37cm

【技法要点】此图表现了山地古园的全园俯视效果，采用了近于3/4的视角，这对较好地表现全园主观赏面起到了重要作用。建筑群落在布局与高低层次上要安排顺畅；山脉地形要讲求动势与前后空间感；山上植物与园中植物要有对比与内外呼应，上淡彩时要一气呵成。